BEI GRIN MACHT SICH IHR WISSEN BEZAHLT

- Wir veröffentlichen Ihre Hausarbeit, Bachelor- und Masterarbeit

- Ihr eigenes eBook und Buch - weltweit in allen wichtigen Shops

- Verdienen Sie an jedem Verkauf

Jetzt bei www.GRIN.com hochladen und kostenlos publizieren

Alexander Wijgers

Reorganisation und Konzentration im Seeverkehr

GRIN Verlag

Bibliografische Information der Deutschen Nationalbibliothek:

Die Deutsche Bibliothek verzeichnet diese Publikation in der Deutschen National-
bibliografie; detaillierte bibliografische Daten sind im Internet über http://dnb.d-
nb.de/ abrufbar.

Impressum:

Copyright © 2004 GRIN Verlag GmbH
Druck und Bindung: Books on Demand GmbH, Norderstedt Germany
ISBN: 978-3-638-93307-0

Dieses Buch bei GRIN:

http://www.grin.com/de/e-book/89505/reorganisation-und-konzentration-im-see-
verkehr

Universität Hamburg, Geographisches Institut
Sommersemester 2004, 15.06.04

Oberseminar

„Räumliche Organisation der Weltwirtschaft durch transnationale Unternehmen"

Reorganisation und Konzentration im Seeverkehr

Bearbeiter:

Alexander Wijgers

Inhaltsverzeichnis

1 Einleitung

Die Ausweitung der Weltwirtschaft und der damit verbundenen internationalen Arbeitsteilung führt zu immer größeren Welthandelsströmen. Insbesondere zwischen den Triadekernen, Europäische Union, USA und Ost-/ Südostasien, kam es in den letzten Jahrzehnten zu einem rasanten Anstieg des Handelsaustausches, wovon insbesondere der Seeverkehr profitieren konnte. Seine Wachstumszahlen liegen über denen des Weltwirtschaftswachstums, was mit der zunehmenden Arbeitsteilung insbesondere zwischen den Triaden, zu erklären ist. Der Containerverkehr, erst seit Ende der 60er Jahre erfunden, stellt das perfekte Transportmedium für den Güterverkehr auf langen Strecken dar, weil seine Kosten, besonders im Vergleich zum landgestützten Verkehr, sehr niedrig sind. Hinzu kommt, dass dem Container keine Grenzen gesetzt sind. „All Cargo, To All Places, To All Times" wie die Reederei Zim propagiert (BROEZE 2003, S.11).

Doch die Containerschifffahrt ist auch sehr wechselhaft. Wurde vor drei Jahren noch von einer der größten Krisen gesprochen, entstanden durch geringe Auslastungsquoten bzw. Aufbau von Überkapazitäten (DOBERT 2001, S.14 ff.), ist es heute bereits dem Spiegel ein mehrseitiger Jubelgesang wert (SCHULZ 2004, S.86 ff.).

Die vorliegende Arbeit beschränkt sich weitestgehend auf den Containerseeverkehr, da in ihm in den letzten Jahren die meisten Veränderungen sich ereigneten und er auch ein exemplarisches Beispiel für die weltweite Entwicklung unter dem Stichwort Globalisierung ist. Es soll ein kurzer Überblick über die allgemeine Entwicklung im Containerverkehr gegeben werden, so wie die Gründe dafür aufgezeigt werden. Das Kapitel Streckennetzwerke soll die unterschiedlichen Möglichkeiten zur Verteilung der Handelströme darstellen, während anschließend die Zusammenarbeit zwischen den Reedereien beleuchtet wird. Die Änderung der Organisation beim Containerverkehr bzw. den Reedereien, insbesondere der Ausbau der Geschäftbereiche wird in Ökonomische Folgen diskutiert. Welche Rolle die einzelnen Häfen im Netzsystem spielen und welche weiteren Veränderungen sich um den Hafen ergeben bildet Kapitel Sechs, während zum Ende noch die besondere Problematik des Leercontainer, sowie die Entwicklung des Jade – Weser Ports eine Rolle spielen.

Damit kann zwar kein vollständiger Einblick in die Containerseeschifffahrt und der mit ihr zusammenhängenden Bereiche gegeben werden, jedoch viele Aspekte unterschiedlicher Art angeschnitten werden.

2 Entwicklung der Seeschifffahrt seit 1950er Jahren

Seit den 1950er Jahren haben weitreichende technologische Veränderungen zu einer Umstrukturierung der Beförderungsarten geführt. So haben Fortschritte bei den Antrieben kontinuierlich zu schnelleren Schiffen geführt. Ferner ist eine besondere technologische Herausforderung seit jeher die Entwicklung von immer größeren Schiffen.

Bei Tankschiffen, die Ende der 50er Jahr noch eine Tragfähigkeit von 40000 tdw[1] hatten, fand innerhalb von fünfzehn Jahren eine Vervierfachung der Tragfähigkeit auf 200000 tdw gegen Anfang der Siebziger Jahre und eine Verzehnfachung auf 470000 tdw um 1980 statt (Nuhn 1994 S. 282). Dieser Wachstumstrend setzt sich jedoch in jüngerer Zeit nicht fort. Tankschiffe der Größenordnung ULCC[2] (Tragfähigkeit über 400000 tdw, Tiefgang über 25m) wurden nur bis ca. 1980 gebaut. Von ihnen sind im Jahr 2000 nur noch 24 Einheiten in Fahrt. Die Tragfähigkeiten der um 2000 in Betrieb befindlichen Tanker liegen zu 84% unter 100000 tdw (ISL 2000, S.95).

Bei anderen Schiffstypen, z.B. bei Massengutfrachtern, den sog. „Bulk-Carriern" für trockenes Schüttgut verläuft das Größenwachstum etwas langsamer. Am geringsten waren die Wachstumsraten der Tragfähigkeit bei Stückgutschiffen. Ein Grund ist, dass der Zeitbedarf im Hafen zum Umschlagen der Fracht besonders hoch ist. Vor allem durch manuelle Arbeit müssen Waren verschiedener Größe, Form und Verpackung gestaut und gelöscht werden, daher war das zeitliche Einsparpotenzial durch technologische Verbesserungen im Stückgutbereich entsprechend hoch. „Für das Löschen von 9000 t konventionellen Stückguts aus einem Frachtschiff kann eine Umschlagzeit von einer Woche gerechnet werden. Die gleiche Menge, verpackt in ungefähr 800-900 Container erfordert dagegen eine Umschlagzeit von 10-12 Stunden." (WOITSCHÜTZKE 2002, S. 391).

Durch die Einführung eines genormten Behälters, der die Fracht in größere Einheiten zusammenfasste, konnte der Stückgutumschlag mechanisiert werden. Einen Vergleichswert pro Hafenarbeiter nennt NUHN (1994): „Während bei einer personalintensiven traditionellen Stückgutumschlagsanlage ein Hafenarbeiter 1,5 bis 2 t pro Stunde bewegen kann, wurde 1991 mit einem halbautomatischen Containerverladesystem in Tilbury ein Vergleichswert von 65,7 t erreicht."

---

[1] tdw: tons deadweight – Tragfähigkeit. Heute gebräuchliche Maßeinheit für das Gewicht der Zuladung, bei der das Schiff bis zur maximalen Lademarke eintaucht. Im Gegensatz zu anderen Maßzahlen für Schiffsgrößen wie den BRT (Bruttoregistertonnen, alte Raumeinheit) ein wirkliches Gewichtsmaß.
[2] ULCC: Ultra large crude carriers, crude: engl. Rohöl

2.1 Entwicklung der Containerschifffahrt

Der erste Containertransport der Geschichte war die Fahrt der „Ideal-X" von New Jersey nach Houston (Texas) im Jahr 1956 mit 58 der neuen Stahlboxen an Bord.

Zehn Jahre später, am 23. April 1966 legte das erste Schiff mit Containern in Deutschland an. Die „Fairland" der Reederei Sea-Land brachte 226 Container von Elizabeth (New Jersey) nach Rotterdam, Bremen und Grangemouth (GB) (WOITSCHÜTZKE 2002, S. 391). In Deutschland gab es zu diesem Zeitpunkt noch keine Fahrgestelle für den Weitertransport auf der Straße, diese wurden aus den USA importiert. Bevor es reine Containerschiffe gab, mussten die Container auf Stückgutschiffe verladen werden, die dafür nicht ideal gebaut waren. Die runden Formen eines Frachters aus den 60er Jahren passten nicht zu den eckigen Behältern. Die Normierung des Containers wurde anhand der üblichen Längen für Sattelauflieger von der ISO (International Organisation for Standardization) in Genf mit 8 Fuß Breite und 20, 30 oder 40 Fuß Länge festgeschrieben. Seitdem haben sich die Dimensionen des Standardcontainers nicht verändert. Eine gebräuchliche Maßeinheit für den Stellplatz eines Containers ist 1 TEU[3]. Es gibt jedoch Spezialcontainer wie Kühlcontainer, Tank- und Silocontainer, sowie offene Plattformen („flat racks") mit Containerboden, die von den Seiten zu entladen sind. Insgesamt entfällt auf Spezialcontainer jedoch nur ein Anteil von 15,2% am Gesamtaufkommen (EXLER 1996, S. 46).

2.2 Containerisierung

Bis heute verzeichnet der Containerumschlag steigende Wachstumsraten von jährlich bis zu 7%. Dies ist vor allem auf den wachsenden Containerisierungsgrad zurückzuführen. Während sich die Menge konventionell transportierten Stückguts von 1980 bis 2000 kaum veränderte, wuchs das Volumen der in Containern beförderten Fracht von 500 Mio. t jährlich auf über 1 Mrd. t (LEMPER 2003). Die Gründe für anhaltende Wachstumsraten des Containerisierungsgrades sind anhaltende Kostenreduktion der Fracht, und damit die Möglichkeit, auch geringwertige Güter mit Containern zu versenden. Der Seetransport eines 1 TEU-Containers von Fernost nach Hamburg kostet aktuell mit 1500 US-$ ebensoviel, wie der Weitertransport nach München auf der Straße oder per Bahn (ECKELMANN 2001). Dieser Umstand hat wohl neue internationale Arbeitsteilung erst möglich gemacht.

Aber auch fortschreitende Innovationen bei der Verpackung in Containern tragen zum überproportionalen Wachstum des Containerisierungsgrades bei. So werden sogar Schüttgüter

---

[3] TEU: Twentyfeet-Equivalent-Unit: Zwanzigfuß-Einheit. Größe eines Standardcontainers der Abmessungen 20´x 8´x 8´ (LxBxH) = 6 x 2,44 x 2,44 m. Große Container haben die doppelte Länge und damit 2 TEU.

wie lose Kaffeebohnen, Getreide oder Baustoffe in speziellen Nylonsäcken von der Größe eines Standardcontainers geschüttet und so günstig verschifft (LEMPER 2003).

Ein weiterer Vorteil des Systems Container zeigt sich beim Weitertransport. Die Ladung muss nicht zwingend, wie Stückgut im Hafen zwischengelagert werden. Der Empfänger bekommt den Container komplett zugestellt.

2.3 Größenwachstum bei Containerschiffen

Vollcontainerschiffe werden seit ca. 1965 gebaut und unterliegen seither einer stetigen Größenzunahme, die sich bis heute fortsetzt. Durch die Mechanisierung des Umschlags und durch die Verkürzung der Liegezeiten können Containerschiffe den Wachstumsprozess fortsetzen, der bei klassischen Stückgutschiffen gehemmt war. Abbildung 1 zeigt die Strukturveränderungen in der Weltflotte. Zu erkennen ist. dass die Containerstellplätze in 1000 TEU auf immer größeren Schiffen zu finden sind.

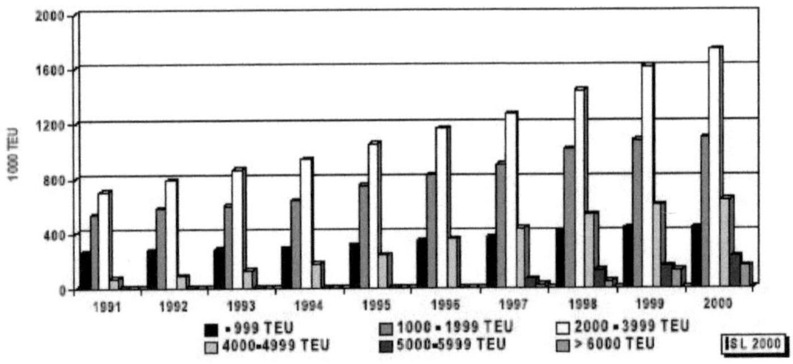

Abbildung 1: Containerflottenentwicklung 1991 - 2000 (Quelle: ISL 2000)

Die Größenentwicklung der Containerschiffe ist anhand der Stellplatzkapazität in TEU angegeben und kann in mehrere Generationen (nach dem Zeitpunkt ihrer Ablösung durch die nächste Generation) eingeteilt werden:

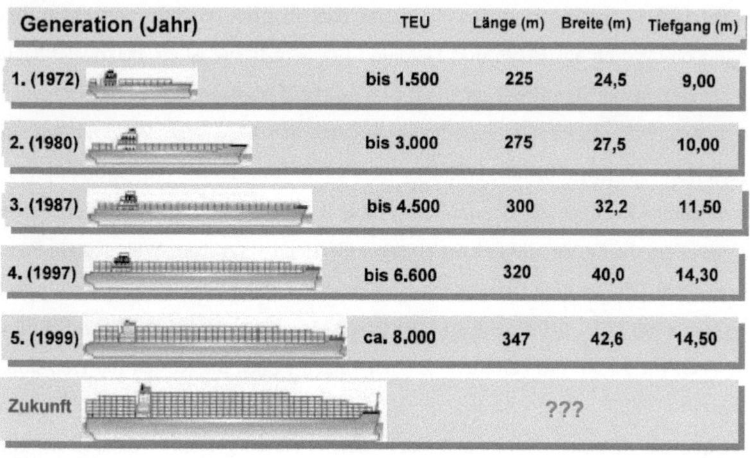

Abbildung 2: Generationen von Containerschiffsgrößen (maximal erreichte Abmessungen)
Quelle: ISL 2000, S. 2-51

Die ersten beiden Generationen bis 1972 und bis 1980 entwickelten sich weitgehend unabhängig von äußeren Faktoren. Die dritte Generation wird auch als Panmax-Klasse bezeichnet, denn sie ist an die Begrenzungen der Schleusen im Panamakanal (mit 290 m Länge, 31,7m Breite und 12,8m Tiefgang) angepasst. Schiffe mit mehr als 4500 TEU können die Westküste von Nordamerika nicht auf dem kürzesten Weg über die mittelamerikanische Wasserstraße erreichen. Mit dem Erreichen dieser Größenordnung prognostizierten Experten in den Schiffen voreilig ein Ende, doch Kostendruck und Konkurrenz drängten die Reeder zu größeren Einheiten.

Die vierte Generation wird Post-Panmax-Klasse genannt. Diese Schiffe können mit über 14 m Tiefgang einige Häfen nicht mit voller Auslastung anlaufen. Die größten derzeit in Betrieb befindlichen Schiffe sind 8000 TEU - Schiffe. Sie haben nach Reedereiangaben oft nur 6600 Stellplätze bei einer durchschnittlichen Auslastung von 14 t pro Container. Rechnet man die übliche Leercontainerquote mit ein, so erhält man 8000 TEU (nach Schätzungen, ISL 2000). Für die Tragfähigkeit eines Postpanmax-Schiffes erhält man: 6600 TEU x 14 t pro TEU = 92400 tdw. Diese Größenordnung ist klein im Vergleich zu frühen Tankschiff-Entwicklungen, resultiert aber vor allem aus der Problematik eines höheren Schwerpunktes, während bei sich bei Tankschiffen die Ladung unter der Wasseroberfläche anordnen lässt.

Es gibt aber Pläne für einen noch größeren Entwicklungsschritt, die 12000 TEU- Klasse, die entsprechend ihrer Bauweise Suezmax-Klasse. Im Suezkanal ist weniger die große Länge ein Problem, als die Breite und der Tiefgang. Die erwarteten Dimensionen betragen 50-55m

Breite und 14,5-15,5m Tiefgang. Der Suezkanal darf aber nur durchfahren werden für eine zulässige Kombination aus Breite und Tiefgang: Bei 54m Breite ist ein maximaler Tiefgang von 15.2m erlaubt, bei 56m Breite maximal 14,6 und bei 58m Breite nur 14,0m Tiefgang (ISL 2000). Für Schiffe dieser Größenordnung bestand das ehrgeizige Ziel, an den bisher erreichten Dienstgeschwindigkeiten (25 kn = 46,3 km/h) festzuhalten. Aus Strömungsgründen ist die zunehmende Länge der Schiffe kein Problem im Vergleich zur zunehmenden Breite. Sie ist vor allem die Größe, die den Strömungswiderstand vergrößert. Während ein Panmax-Schiff mit 4400 TEU für eine Dienstgeschwindigkeit von 25 kn einen 60 MW starken Antrieb benötigt, ein 8800 TEU- Schiff eine 80 MW starke Maschine, ein 12500 TEU – Schiff sogar 98 MW (TOZER 2002). Pro beförderte Einheit sinken jedoch die Kosten für Treibstoff und Wartung.

Eine Vision, die in weiter Ferne anzusiedeln ist, ist die so genannte Malaccamax-Klasse, benannt nach der Meerenge westlich von Singapur. Angesprochen sind Vorstellungen über Größenordnungen von 18000 TEU, mit 21m Tiefgang (niederländisches Projekt, nach ISL 2000).

2.4   Containerschifffahrt in Zahlen

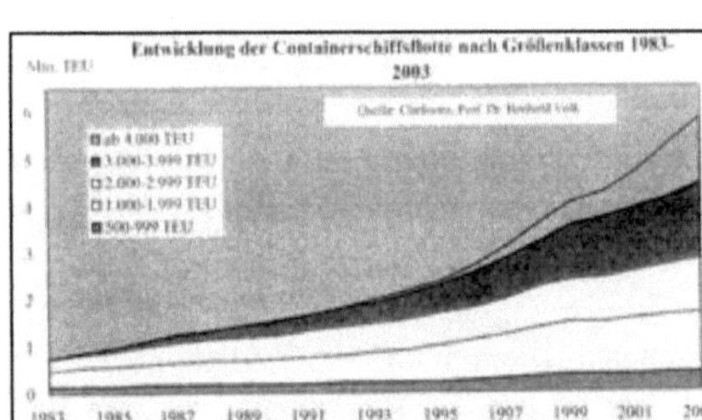

Abbildung 3:Entwicklung der Containerflotte
Quelle: VOLK 2003, S.26

Der weltweite Bestand Vollcontainerschiffen betrug am 1. Januar 2000 insgesamt 2437 Einheiten mit einer Stellplatzkapazität von 4,3 Mio. TEU. Gegenüber dem Vergleichsjahr 1990 hat sich die Zahl der Containerschiffe 112% vergrößert, während die Tragfähigkeiten um 152% anstiegen und die TEU – Kapazitäten um 198%. (ISL 2000, S.2-40) Dies entspricht einer Verdoppelung der Schiffszahlen und einer Verdreifachung der Stellplatzkapazitäten, bei einer offensichtlichen Größenzunahme der Schiffe. Dieser Anstieg ist vor allem auf die Schiffe mit vielen Stellplätzen zurück zuführen, während es nur geringer Abwrackung alter Schiffe kommt (siehe Abbildung 3). Die Asienkrise, sowie die Anpassung der Wechselkurse asiatischer Währungen, hatten einen Bauboom ausgelöst, da die Neupreise von Schiffe rapide gesunken sind. Trotz niedriger Preise, werden Containerschiffe vermehrt von Chartern gebaut, insbesondere von Deutschen (da diese hohe steuerliche Vorteile dadurch erwirtschaften), da die Reedereien immer mehr dem finanziellen Risiko scheuen. Derzeit stehen zur bestehenden Flotte, nochmals 30% in Bau, bei Schiffen mit über 5000 TEU sogar fast 90% (siehe Abbildung 4). Bei Betrachtung der weltweiten Gesamtkapazitäten, stellen die Schiffe mit mehr als 5000 TEU nur 11% der Anzahl der Schiffe, jedoch 41% TEU-Kapazitäten (LEMPER 2001, S.17).

Wenn man sich die Entwicklung und die Prognosen für den Containerumschlag in den nächsten Jahren anschaut, scheint auch

Größenklasse	Flottenbestand		Auftragsbestand		% Auftragsbestand
(TEU)	Anz. Schiffe	1000 TEU	Anz. Schiffe	1000 TEU	zur Flotte (TEU)
> 5000	234	1.430,3	184	1.234,5	86,3 %
4000–4999	242	1.069,0	62	274,4	25,7 %
3000–3999	257	876,0	15	47,8	5,5 %
2000–2999	500	1.238,0	74	188,7	15,2 %
1500–1999	406	682,9	29	49,6	7,3 %
1000–1499	493	586,9	32	36,5	6,2 %
500–999	582	413,1	66	53,8	13,0 %
250–499	283	106,0		0,0	0,0 %
Gesamt	2997	6.402,2	462	1.885,3	29,4 %

Abbildung 4:Flottenbestand und in Bau

Quelle: VOLK 2003, S.26

kein Ende an der Notwendigkeit immer neuer Schiffe zu bestehen. Seit 1980 hat es sich das Volumen ca. vervierfacht. Bei erwarteten durchschnittlichen Wachstumsraten von ca. 7% pro Jahr, würde eine Verdoppelung innerhalb der nächsten 10 Jahre eintreten (Siehe Abbildung 5).

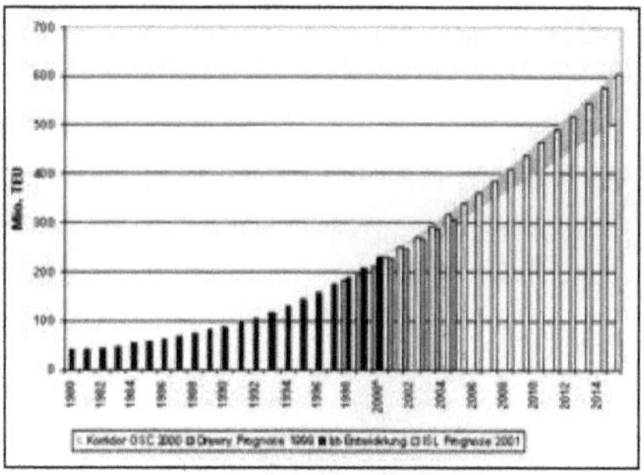

Betrachtet man die Umschlagszahlen der einzelnen Regionen, so erkennt man, dass von ca. 230 Mio. TEU Hafenumschlag im Jahr 2000 allein ca. 184 Mio. TEU auf die Triaden fallen. Für Zukunft sind dies zwar

Abbildung 5:Entwicklung des Containerumschlages

Quelle: ZACHCIAL 2002, S.46

die Regionen, denen prozentual mit am wenigsten Wachstum zugemutet werden, da dort das Potential schon stark ausgeschöpft ist, jedoch in absoluten Zahlen bedeutet dies trotzdem ein Wachstum von ca. 180 Mio. TEU innerhalb von 10 Jahren (ZACHCIAL 2002, S.47).

2.5 Gründe fürs Wachstum der Containerschiffe

Es gibt zwei Gründe, dass die Containerschiffe immer größer werden. Zum einen das Anwachsen des Handelsvolumens und zum anderen wirtschaftliche Vorteile von größeren Schiffen. Das Welt-Bruttosozialprodukt hatte seit Mitte der 80er Jahre ein durchschnittliches Wachstum von 3,3%. Parallel dazu hat sich der internationale Handel mit überproportionalen Zuwachsraten hervor getan. Mitte der 90er Jahre gab es Zuwachsraten von über 10%. Der Grund des überproportionalen Wachstums ist vor allem in der zunehmenden internationalen Arbeitsteilung bzw. einer Globalisierung von Wirtschaftsprozessen zu finden und dem damit verbundenen Austausch von höherwertigen Gütern, also dem Handel mit Halb- und Fertigprodukten. Noch rasanter hat sich diese Entwicklung auf den weltweiten

Containerumschlag ausgewirkt. Im Durchschnitt wuchs der Containerhafenumschlag in den

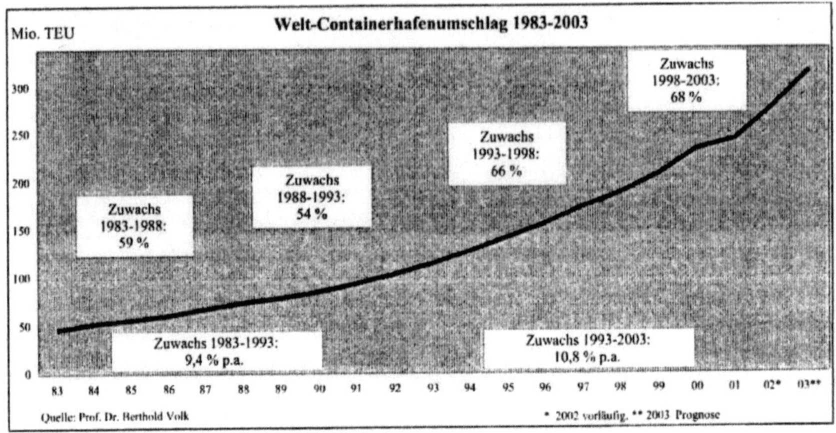

Abbildung 6: Entwicklung des Welt-Containerhafenumschlag 1983 – 2003
Quelle: VOLK 2003, S.23

letzten 20 Jahren um 10,1% (Volk 2003, S.23) (siehe Abbildung 2). Der Grund für den Erfolg des Containersystems im Seeverkehr liegt in seiner vergleichsweise schnellen und kostengünstigen Be- und Entladung und damit der Verkürzung der Hafenliegezeiten die sich auf die Effizienz auswirken (LEMPER 2001, S.12). Weitere Gründe für das Wachstum des Containerverkehrs liegen in der Steigerung des Containerisierungsgrad. Immer mehr Stückgüter werden bevorzugt in Container verschifft, weil aus den ehemals heterogenen Ladungen eine homogene Ladung wird (PAWLIK 1999, S.4; VOLK 2003, S. 25). Im Hamburger Hafen erreicht der Containeranteil am Stückgut bereits 90% (WEBER 2001, S.30). Selbst Früchte, für die es spezielle Schiffe gibt, werden vermehrt mit Kühlcontainern verschickt, da so Produktionsspitzen aufgefangen werden können und die Ware direkt zur Quelle in der gewünschten Menge gelangt (EXLER 1996, S.150). Aus diesem Grund werden auch vermehrt reine Massengüter mit dem Container verschifft.

Ein weiterer großer Vorteil der Container liegt in seiner Eignung für gebrochene Transportketten. So muss ein Container nicht umgeladen werden, wenn das Transportmedium gewechselt wird, sondern nur der komplette Container wechselt das Fahrzeug.

Die verarbeitende Industrie nutzt den Container schon soweit, dass sie teilweise schon gleich in die Container hineinproduziert oder zumindest containergerecht herstellt (VOLK 2003, S.25).

Aus all diesen Gründen wächst der Containerverkehr überproportional, weshalb immer mehr Kosten gesenkt werden können, die sich aus dem Wachstum des Handels und der Schiffe ergeben. Das Wachstum des Gesamtmarktes ließe sich über zwei Wege von den Reedern bedienen. Zum einen könnten die Frequenzen der Liniendienste erhöht werden, da jedoch viele Versender auf die festgelegten Frequenzen zu arbeiten, würde dies von den Kunden nur schwerlich angenommen werden. Eine Abfahrt pro Woche hat sich zum Industriestandard entwickelt (SLACK, COMTOIS, MACCALLA 2002, S.72). Des Weiteren erfordert dies hohe Investitionskosten in neue Schiffe. Deshalb muss eine Steigerung der Kapazitäten durch die Steigerung der Schiffsgrößen realisiert werden (LEMPER 2001, S.12 f.). Dies bedeutet für die Reeder zwar anfangs auch eine hohe Investition und führt anfänglich zu einem Überangebot an Containerstellfläche, da auch die Konkurrenz mit gleichen Schiffsgrößen nachziehen muss, wenn sie mit den Preisen mithalten will, jedoch ist dieses Überangebot leichter zu überwinden. Ein zweiter wichtiger Vorteil von größeren Schiffen sind die economies of scale, die vor allem durch die anteilig geringeren Personalkosten und Treibstoffkosten entstehen. Die alten Schiffe werden auf weniger stark beanspruchten Kanten eingesetzt oder leisten als Feederschiff Dienst (ITZ 1998, S. 15).

Die Frage die sich hier letztendlich stellt. Ist wirklich die Globalisierung verantwortlich für das Wachstum des Containerverkehrs oder konnte erst durch den Containerverkehr eine solche weitreichende Globalisierung stattfinden? Für höherwertige Artikel z.B. spielt der Anteil der Seetransportkosten heute keine Rolle mehr (VOLK 2003, S.25).

Aktuell scheint der Containerverkehr dem Wachstum jedoch nicht mehr hinterher zu kommen. Die Reeder fahren dadurch große Gewinne ein (SCHULZ 2004, S.86 ff.), da sie teilweise voll ausgelastet sind und entsprechend ihre Preise gestalten können, unter der jedoch eben gestellten Frage, würde dies jedoch auch ein Hemmnis fürs Weltwirtschaftswachstum bedeuten. Auch an den Häfen machen sich vermehrt Kapazitätsprobleme bemerkbar (VOLK 2003, S.24). Grund für das derzeitige Wachstum ist vor allem China. Dort werden teilweise 30% jährliches Wachstum bei den Containerumschlagszahlen erreicht, womit sie zu vierfünftel zum Gesamtwachstum beitragen. Durch das Wachstum in Asien hat sich jedoch vor allem das Ungleichgewicht der Ladungsströme verbessert bzw. eher umgedreht. Wurden früher nur Waren nach Asien geliefert und bestand der Rücktransport häufig aus Leercontainer, so hat sich jetzt die Auslastung in beide Richtungen verbessert (KRÜGER 2000, S.20).

3 Streckennetzwerk

3.1 Theoretisches Optimum

Ein Unternehmen, das im heutigen System überleben will, muss sich bei seiner Beschaffungspolitik in weltweitem Maßstab umgucken und seine Güter von den entsprechend günstigsten Standorten beziehen. Die internationale Arbeitsteilung und die Globalisierung der Märkte erfordert deshalb insbesondere zwischen den Triadenkernen, Nordamerika (Ost-, West- und Golfküste), Westeuropa (hauptsächlich die „Blaue Banane") und Ost-/ Südostasien (Japan, Korea, China, Taiwan, Malaysia, Singapur), einen hohen Bedarf an Verkehrs- und Transportaufkommen (siehe Abbildung 3). Ein Containertransportsystem sollte all diese Räume miteinander verbinden (EXLER 1996, S. 90 f).

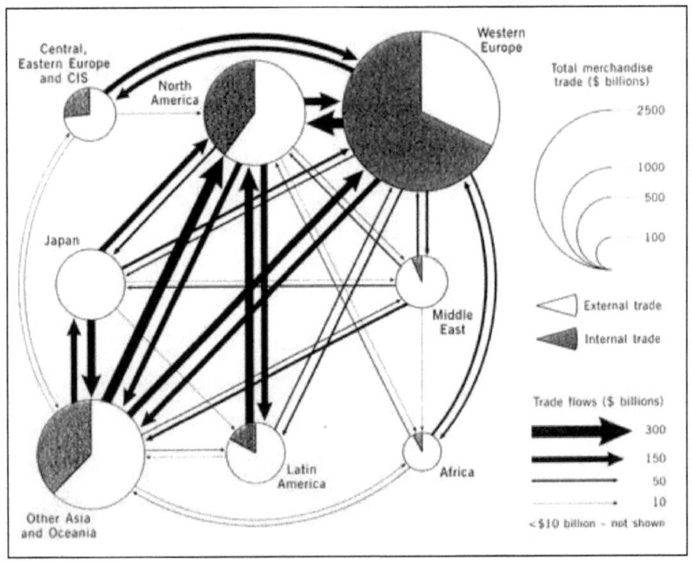

Abbildung 7: Welthandelsverbindungen Quelle: DICKEN 2002

Man erkennt, dass die Handelströme, die die Triaderäume miteinander verbinden würden, auf einer Ost-West-Route in der nördlichen Hemisphäre verlaufen. EXLER (1996, S.95 ff.) beschreibt, als eine theoretisch ökonomisch sinnvolle realisierbare „Rund-um-die-Welt-Route" zur Verbindung der Triadekerne auf maritimen Strecken folgendes (vgl. Abbildung 4): Hamburg – Bremerhaven – Felixstowe (England) – Rotterdam – Antwerpen – Le Havre – Algeciras (Spanien) – Marsaxlokk (Malta) – Port Said (Ägypten) – (Suezkanal) – Aden (Jemen) – Colombo (Sri Lanka) – Singapur – Keelung (Taiwan) – Kobe – Osaka – Nagoya –

Yokohama – Tokio (Japan) – San Francisco – Los Angeles – Manzanillo (Mexiko) –
Cristobal (Panama) – Kingston (Jamaika) – New York – Hamburg

Diese Route könnte unter Ausnutzung von Zubringerdiensten auf die folgende Strecke
verkürzt werden:

Panamakanal – Algeciras – Suezkanal – Singapur – Panamakanal

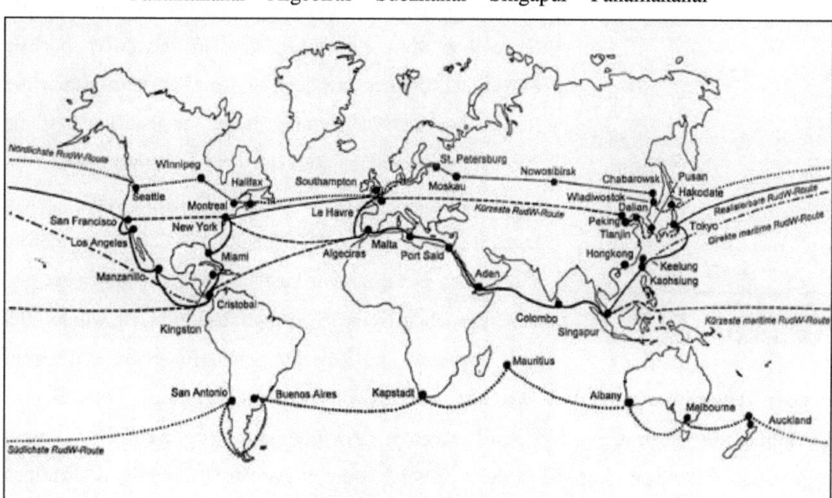

Abbildung 8: Mögliche Rund-um-die-Welt Dienste
Quelle: EXLER 1996, S.95

Durch die Entwicklung von Containerschiffen der Post-Panamax Klasse, also Schiffen die
vollbeladen nicht mehr den Panamakanal durchqueren können, wird diese Routekonstellation
jedoch unmöglich. Einen Ausweg bietet die Nutzung von
Eisenbahnlandbrückenverkehrsdiensten (langes Wort) durch Amerika zwischen den Küsten.
Die Reedereien betreiben als Systemführer Blockzüge mit 500 TEU die von Küsten zu Küste
fahren und so die Rund um die Welt Dienste komplettieren. So ist es möglich Post-Panamax
Schiffe einzusetzen, ohne einen Umweg durch die Magellanstraße zu fahren. Durch den
Zeitgewinn, auch gegenüber dem Panamakanal, von 15 Tage auf 5 Tage, rechnen sich auch
die zusätzlich nötigen Systemschnittstellen die bei der Substituierung entstehen. Weiterer
Vorteil ist die Einbindung des Hinterlandes durch eigene Dienste (EXLER 1996, S.131 ff.).

3.2 Netzsystem

Um Containerdienste kostengünstig anbieten zu können, sind festgelegte Routen und Fahrpläne ein wichtiges Instrument für die Reeder, sie dürfen jedoch flexibel bleiben, da sie sonst Markanteile verlieren würden. Aufgrund dessen, das es keine Wegerschließungskosten auf den Weltmeeren gibt (abgesehen vom Kanalbau), gewährt das Meer höchste Flexibilität. Dementsprechend sind die Transportsysteme der Reeder konfiguriert. Zumeist liegen mehrstufige Systeme vor, bei denen der Container das Transportmittel des Öfteren wechseln muss. Ein einstufiges System würde einem Direkttransport von der Quelle zur Senke (Ziel) entsprechen, was jedoch meist nur im Lastwagenverkehr stattfindet und einem Container keine Systemvorteile bringen würde. Bei einer Abholung und Zustellung ins Hinterland und einem direkten Hafen – Hafen Verkehr läge ein dreistufiges System vor. Der Haus – zu – Haus – Direkttransport ist zwar Standard, wird jedoch je nach Entfernung zum nächsten Mainport über verschiedene Transportmedien durchgeführt, womit es zur Ausweitung des dreistufigen Systems kommt. Bei einem Haus-zu-Haus-Transport findet der komplette Vor- und Nachlauf zur Systemschnittstelle Seehafen mit dem ISO-Container auf einem oder mehreren Binnentransportmitteln statt, womit die Systemvorteile des Container vollständig ausgenutzt werden, da es zu keinem weiteren umpacken mehr kommen muss.

Von Sammelverkehr bzw. Verteilerverkehr spricht man, wenn der Container erst im Hafen mit Stückgut von verschiedenen Quellen gefüllt wird bzw. für verschiedene Senken verteilt wird oder sogar beides (EXLER 1996, S.100 ff.).

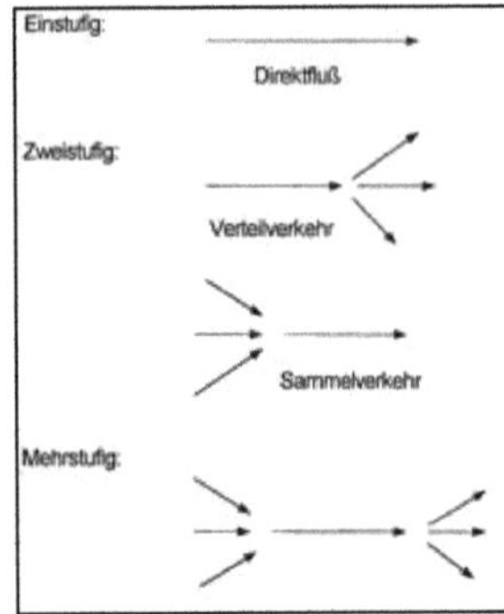

Abbildung 9: Systemstufen
Quelle: EXLER 1996, S.101

Aus den einzelnen Strecken der Reeder, bildet sich ein Netzwerk, in dem die einzelnen Systemschnittstellen unterschiedliche Bedeutung erringen. Der Hauptlauf, also der Seeverkehr, lässt sich in zwei Organisationsformen differenzieren. Zum einen der ungebrochene Transport zwischen den Häfen mit „mainport"- Status, bei denen der Vor- bzw.

Nachlauf des Containers endet, also über ein entsprechend großes Hinterland verfügen.

Diese Objektflussart wird von den großen Reedereien mit festen Routen und nach festen Fahrplänen bedient. Endet der Vorlauf jedoch in einem Nebenhafen, kommt es zum Einsatz von Feederschiffen. Hierbei handelt es sich um fahrplanmäßige Zubringerschiffe, die den Objektfluss zu den Nebenhäfen verlängern. Man spricht auch von gebrochenem Linienverkehr (EXLER 1996, S.106 f.).

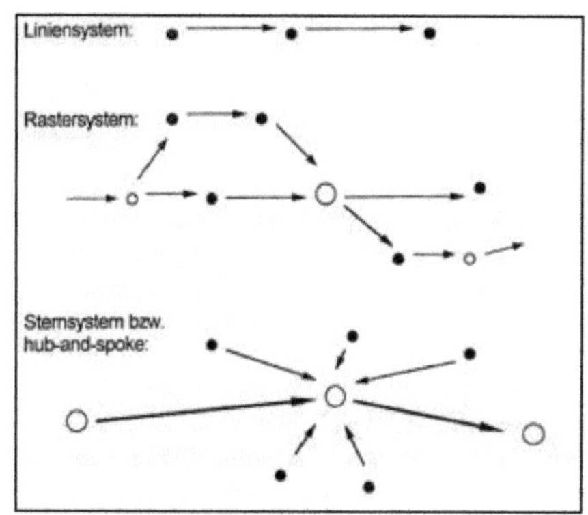

Abbildung 10: Netzsysteme
Quelle: EXLER 1996, S.107

Bei der Analyse des gesamten Netzes von Strecken der Reeder, zeigen sich unterschiedliche Varianten. Grundmuster ist das Liniensystem, bei der bestimmte Knoten (Systemschnittstellen) nacheinander angefahren werden. Ein Rastersystem ergibt sich durch die Vernetzung des Liniensystems (vgl. Abbildung 6), womit alle Knoten miteinander verbunden werden. Knoten, an denen sich Kanten treffen, dienen der Umladung. Wenn solche Knoten ohne eigene Standortagglomeration und ökonomisches Hinterland bestehen, liegen reine „transshipmentcenter" vor (siehe Abbildung 7). Viele Reeder haben auf ihren Ost – West Hauptrouten solche

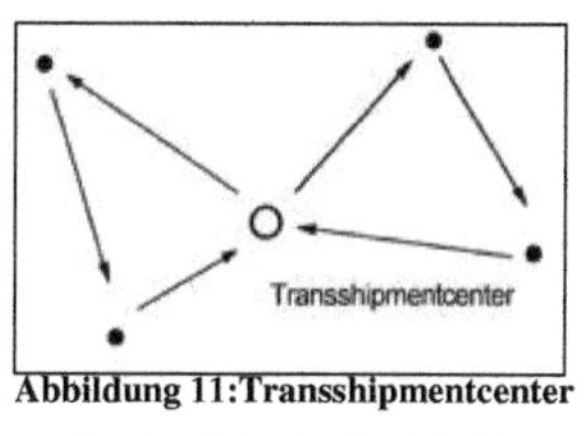

Abbildung 11:Transshipmentcenter
Quelle: EXLER 1996, S.109

logistische Knoten eingerichtet, damit einzelne Objekte einer Richtungsänderung unterzogen werden können. Die bedeutendsten transshipmentcenter sind Dubai (V.A.E.), Jeddah (Saudi-Arabien), Algeciras (Spanien), Colombo (Sri Lanka), Marsaxlokk (Malta), Panama und Kingston (Jamaika). Der größte Vorteil dieser Lösung, liegt in der Ausnutzung der Netze anderer Anbieter und damit der Ausweitung der Reichweite ohne eigene weitere Kapazitäten aufbauen zu müssen (EXLER 1996, S.106).

Das „hub and spoke System" bzw. Sternsystem (siehe Abbildung 6 und 8) bedeutet, dass zu einer zentralen Systemschnittstelle mehrere Kanten von einzelnen Quellen bzw. zu Senken

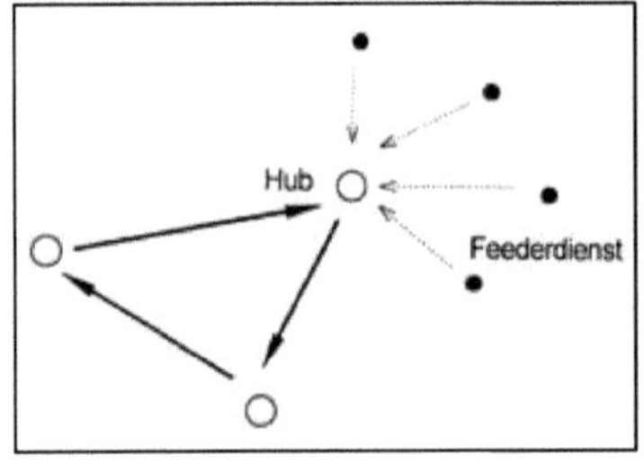

Abbildung 12:Feederverkehr
Quelle: EXLER 1996, S.110

zusammenlaufen, womit die Anzahl der Haupthäfen beschränkt werden kann. Der Vor- und Nachlauf zu diesen einzelnen Hubs wird über fahrplanmäßige Feederdienste zu den Nebenhäfen erreicht. Über diese Feederdienste werden die eher peripher liegenden Häfen bedient, die nicht mit eigenständigen Routen der Reeder bedient werden. So sind einzelne bisher direkt bediente Häfen aus dem direkten Liniennetz der Reeder gefallen, in

Europa vor allem die größeren Häfen der Peripherie, also von Irland, Großbrittanien und dem Ostseeraum, und zwischen den verbleibenden ein verschärfter Wettbewerb um die Gunst der Linienreeder entstanden. Die verbleibenden Häfen haben nur noch eine schwache Verhandlungsposition und sind abhängig von den Entscheidungen der Reeder (NUHN 1994, S.284 f.).

Das räumliche Muster des Feederverkehrs ist sternförmig. Die Trennung in Langstreckentransporte und lokale Zubringer- und Verteilerdienste ist ein Mittel der Rationalisierung und der notwendigen Fokussierung auf wenige Haupthäfen im System. Ohne das die großen Schiffe, die auf den Hauptrouten verkehren, Umwege einbauen müssen, wird so ein Haus-zu-Haus Transport realisiert. Die Schiffe brauchen also dem Ladeangebot nicht mehr direkt folgen, was viel zu ineffizient wäre bzw. aufgrund der Schiffsgrößen technisch nicht mal möglich wäre (EXLER 1996, S.108 ff.). Die Entwicklung des Feederverkehrs hat ihren Grund letztendlich im Größenwachstum der Schiffe, die technisch und ökonomisch eine Umstellung des Systems nötig machten. Zu finden ist der Feederdienst vor allem in der Ostsee, im Mittelmeer, der Karibik und im asiatischen Raum (LEMPER 2001, S.16), also vor allem dort, wo ökonomische Aktivität trotz geographischer Nähe durchs Meer getrennt ist.

Die Trennung von transsipmentcenter und Hubs für den Feederverkehr wird in der Literatur leider oftmals missachtet.

Die einzelnen Senken werden von den Containerschiffen in Form von „Pendelverkehr" oder Rundfahrten angesteuert. Die Notwendigkeit der Auslastung verhindert die Einrichtung „reinen" Pendelverkehrs zwischen zwei Senken, da der Anteil des Leercontainertransports viel zu hoch wäre. Deshalb werden meist weitere Knoten insbesondere bei großen Distanzen auf der Strecke angefahren, auch wenn dies ein Umweg bedeutet.

Die tatsächliche Einführung von „Um die Welt Containerdiensten" Mitte der 80er Jahre durch die Newcomer Reedereien Evergreen und US-Lines, wird teilweise auch mit dem Begriff der zweiten Containerrevolution tituliert. US-Lines scheiterte und ging Pleite und Evergreen stieg zu einem der bedeutendsten Reeder auf (SLACK 1999, S.12). Der Verkehr konnte auf wenige Kanten und zentrale Knoten konzentriert werden. Die zentralen Knoten waren aus geographischen Gründen nicht unbedingt, die großen Häfen mit weiten Hinterlandverbindungen, sondern eher Häfen die näher an der Ideallinie lagen und als transshipment hub dienten. Dies betraf vor allem die deutschen Häfen Hamburg und Bremerhaven. Mit Kingston (Jamaika) und Colombo (Sri Lanka) errangen dadurch neue Häfen an Bedeutung. In Europa wären Lissabon oder Malta ebenfalls potentielle Kandidaten, jedoch lassen die teuren Feederdienste in Europa eine solche Konstellation nicht im vollen Umfang zu (EXLER 1996, S.125 f).

Durch die Bündelung des Objektflusses auf wenige „Um die Welt" - Kanten, können zum einen die großen Schiffe ihre Skalenerträge ausspielen. Des Weiteren lassen sich so Probleme des Leercontainerüberangebots und der Rückfrachtprobleme minimieren, da die bedienten Häfen Quelle und Senke zugleich sind. Die Kanten bilden zumeist Ringe, bei der die Container bei Bedarf abgeladen werden und bei neuen Transportaufgaben wieder auf den Weg gegeben werden.

Auch wenn das Konzept nicht von allen Reedereien übernommen wurde, so zeigte sich, dass das Verbinden einzelnen Ranges ineffizient war und so wurden vermehrt Dienste angeboten, die mehrere Ranges von einer Linie bedient wurden (SLACK 1999, S.12). 52% aller Linien sind heute als Strecken konzipiert, die mehrere Fahrgebiete miteinander verbinden, dem so genannten Pendulumverkehrs. Die prognostizierte Konzentration bei solchen Strecken auf einige sehr wenige Knoten ist jedoch nicht aufgetreten. Einzelne Knoten können nicht genug Ladung generieren, auch wenn sie mit Feederverkehr weitere Häfen einschließen. Die Auslastung wird daher durch das Anlaufen mehrere Häfen in einem Fahrtgebiet erreicht (VOLK 2001, S.65 ff.).

4 Die Reedereien

4.1 Allianzen

Durch die Bildung von Verbünden können die Reeder die größtmöglichen Economies of scale erreichen. Die Verbundstruktur ist nützlich bei der Bildung von weltumspannenden Netzen, Kaptialbedarf und Überkapazitäten. So findet eine stake Konzentration auf wenige große Einzelunternehmen statt (ECKELMANN 2001, S. 14). Man unterscheidet zwischen global operierenden Großreedereien und Reedereiallianzen, einer Form der unternehmerischen Partnerschaft. Zu den Großreedereien gehören Evergreen, Maersk Sealand. und MSC[4]. Maersk Sealand entstand durch Übernahme von Sealand durch Maersk im Sommer 1999. Die aktuell existenten vier globalen Allianzen sind: (nach ECKELMANN 2001, S. 14)

1. die <u>Grand Alliance</u> mit Hapag Lloyd, OOCL[5], P&O Nedlloyd, NYK und MISC
2. die <u>New World Alliance</u> mit APL, Hyundai und Mitsui OSK
3. die <u>Untied Alliance</u> mit Hanjin, Senator, UASC und Sinotrans
4. die <u>"Unnamed Alliance"</u> mit COSCO, K-Line und Yang Ming.

Diese vier Allianzen und drei Großreedereien besitzen 41% der weltweit verfügbaren Stellplatzkapazität in TEU (Stand: Januar 2000). Zählt man ihre Schiffe hinzu, die sie nicht in Allianz einsetzen, so beträgt der Anteil ihrer Stellplatzkapazität an der weltweit vorhandenen 59% (ISL 2000). Hier liegt offensichtlich ein Oligopol, eine Konzentration des Marktes auf wenige große Anbieter vor.

Die Ausprägungen der Zusammenarbeit in Allianzen sind vielfältig. So können z.B.

1. die Flotten gemeinsam effizienter genutzt werden (sog. „vessel sharing"),
2. Terminals und Feederdienste, an denen Allianzpartner Beteiligungen halten bevorzugt werden (vor allem mit dem Ziel kürzerer Liegezeiten), sowie
3. Container in einem Pool innerhalb der Allianz getauscht werden, um die Leercontainer-Rückbeförderung zu vermeiden (ISL 2000, S. 2-54).

Die Zusammenschlüsse und Partnerschaften haben vor allem ein Ziel bereits verwirklicht: die Verdichtung ihrer Fahrpläne. Vor der Neuorganisation galten wöchentliche Abfahrten pro Relation als Standard. Zurzeit wird mehrmals pro Woche abgefahren, erklärtes Ziel sind aber tägliche Abfahrten auf allen Relationen der Linienverkehre.

---

[4] MSC: Medtiterranean Shipping Company mit Sitz in Genua
[5] OOCL: Orient Overseas Container Line

4.2 Konferenzen

Eine seit fast 150 Jahre typische Form der Organisation zwischen den Reedern ist die Schifffahrtskonferenz. Auf ihr werden intern Tarife, Bedingungen, Kapazitäten und Frequenzen für bestimmte Fahrtgebiete geregelt. Für die Reeder entstehen so regelmäßige Einahmen und dadurch erleichterte Planungen, eine verringerte Konkurrenz und größtenteils eine hohe Auslastung (PAWLIK 1999, S.54 f).

Sowohl bei den Konferenzen als auch bei den Allianzen ist klar eine Kartellbildung zu erkennen, die Preise, Konditionen, Quoten betrifft, und den daraus folgenden negativen Ergebnissen. Geschützt werden diese Kartelle durch besondere Gruppenfreistellungen, in der EU und in den USA (dort nur wenn sie offen sind für neue Mitglieder) (HAUTAU 2002, S. 157 ff).

4.3 Verbände

Verbände sind Interessenvertretungen der Reedereien auf den verschiedenen administrativen Ebenen. Der Verband Deutscher Reeder (VDR) vertritt die unternehmerischen Interessen der Reeder gegenüber der Politik und Verwaltung auf Ebene des Bundes, der Länder und der Gemeinden, gegenüber anderen Wirtschaftzweigen, den Gewerkschaften und der Öffentlichkeit. Auf europäische Ebene agiert die ECSA und auf internationaler Ebene beispielsweise ISF, als internationaler Arbeitgeberverband der Reeder (PAWLIK 1999, S.62).

5 Ökonomische Folgen

5.1 Änderungen im System

Um große Schiffe ökonomisch sinnvoll zu nutzen, bedarf es einiger Änderungen im System der Reeder. Um die economies of scale zu erreichen, ist ein hoher Auslastungsgrad der Schiffe notwendig, weshalb sie sich auf die Hauptrouten des Weltseeverkehrs beschränken. Um jedoch eine Verringerung der Abfahrtszeiten zu vermeiden, werden nur noch einige wenige zentrale Systemschnittstellen mit den großen Schiffen angefahren, die jedoch im Feederverkehr von kleineren Schiffen bedient werden. Dieser Wandel hat auch einen weiteren Grund. Geld verdienen Schiffe nur, wenn sie fahren. Das bedeutet, dass jeder Stopp bzw. jedes Anlaufen von Häfen die Gewinnmargen verkleinert. Darum wird versucht möglichst lange Strecken mit möglichst wenig Stopps zu fahren. Die Folge ist, dass die größten Schiffe nur auf der Relation von Ost-/Südostasien nach Europa (20.000 km Entfernung) oder Nordamerika (13.000 km) eingesetzt werden, während ein Pendeldienst zwischen

Nordamerika und Europa (7.500 km) bereits eine zu kurze Strecke bedeutet (PAWLIK 1999, S.15; VOLK 2003, S.28). Auf dem ersten Blick erscheint ein Pendeldienst zwischen zwei Knoten am effektivsten, jedoch birgt dies ein hohes Risiko vor allem, wenn die Schiffe nur noch für wenige Häfen geeignet sind. Falls Probleme im Lade- oder Löschhafen entstehen, z.B. ein Streik, fehlen den Schiffen die Ausweichmöglichkeiten, falls doch würde es auf jeden Fall enorme logistische Anstrengungen erfordern. Des Weiteren entstehen enorme Abhängigkeiten von konjunkturellen und saisonalen Schwankungen von einzelnen Einzugsbereichen. Auf den jetzigen Hauptrouten gibt es bereits Schwankungen zwischen den Perioden von 20% bis 30% (ITEN 1998, S.4). Am gravierendsten wirkt es sich jedoch aus, dass es ökonomisch wenig sinnvoll erscheint. Die economies of scale der Schiffe werden durch die Vergrößerung des Einzugsbereichs wieder aufgebraucht, da die Container über längere Strecken im Binnenland angebracht werden müssen oder die Gesamtreisezeit durch lange Feederdienste sich erhöhen würde (VOLK 2003, S.28).

5.2 Ausweitung der Transportkette

Die Reedereien wandeln sich immer mehr vom reinen Anbieter für Containerseeverkehr zu einem Komplettanbieter rund um den Container. Das so genannte „carrier haulage", bei der die Reeder die Leercontainerzustellung zum Beladen zustellen und den Objektlauf im Hinterland organisieren, gewinnt immer mehr an Bedeutung. Teils wird der Hinterlandtransport durch eigene Fahrzeuge besorgt oder es werden Transporteure beauftragt; für den Kunden jedoch, tritt nur noch die Reederei in Erscheinung. Haus zu Haus Transporte können dadurch weit günstiger kalkuliert werden. Die Überseereederei wandelt sich also zu einem „combined transport operator" (CTO), einem Systemführer dem „Carrier's Haulage" (EXLER 1996, S.146; PAWLIK 1999, S.5).
Der Wandel zum Systemführer bedeutet sowohl für den Reeder als auch für die Kunden Vorteile. Der Kunde braucht nur noch einen Ansprechpartner beim Transport seiner Güter und bekommt diesen auch noch kostengünstiger durchgeführt; auch spezielle Kundenwünsche lassen sich so einfacher erfüllen. Für den Verlader hat es den Vorteil, dass er funktionierendes Netzwerk vorfindet, mit denen auch Just-In-Time Konzepte realisiert werden können bzw. bei dem die Anlieferung genau auf die eigene Produktion abgestimmt werden kann, so dass das Schiff als schwimmendes Lager betrachtet werden kann. Der Reeder bekommt auf der anderen Seite die Möglichkeit seinen Anteil an der Transportkette zu erhöhen und so seinen Gewinn zu maximieren. Bisher waren die Gewinnmargen im Fernverkehr sehr dünn; nur 20% - 30% der Gesamttransportkosten macht der Seeverkehr aus (WEBER 2001, S.30). Die

Angebote sind speziell auf sein Verladungssystem angepasst, wodurch er weitere Einsparungen erzielen kann und vor allem kann der Reeder selber gewährleisten, dass es zu keinem Abbruch des Güterstromes aus dem Hinterland kommt (NUHN 1996, S. 428). Aus gleichen Gründen versuchen die Reedereien einen immer größeren Einfluss auf die Hafenbetreiber bzw. auf die Logistik an den Kaianlagen zu gewinnen, bis hin zu komplett eigener Kontrolle. Aus diesem Grund ist z.B. die Reederei Maersk-Sealand zum Mitbetreiber des neuen Containerterminals bei Bremerhaven geworden, nachdem die Konzessionen die Hamburg anbot, nicht weitreichend genug waren (DEECKE 2001, S.55; WEBER 2001, S.31). Bei der Privatisierungswelle der britischen Häfen kamen auch Reeder zum Zuge. Die Hutchinson Reederei übernahm so z.B. die Leitung des Hafen von Felixstowe (MARCADON 1999, S.17). Wenn dies nicht möglich ist, beanspruchen die großen Reeder zumindest eigene Terminals. So lassen sich am ehesten Zeiteinsparungen für die eigenen Schiffe realisieren und damit den Gewinn erhöhen.

Abbildung 13: EDI Komponenten
Quelle: NUHN 1994, S.284

Ausgefeilte EDV-Systeme bzw. Hafensysteme für eine bessere Organisation des Umschlages, fassen alle am Umschlag beteiligten Akteure wie Schiffsagenten, Transporteure, Zoll, etc. in so genannte EDI – Systeme (Electronic Data Interchange) zusammen, um die Umschlags- und Verwaltungsvorgänge besser zu koordinieren und den Weitertransport zu beschleunigen (NUHN 1994, S.284).

Während die Reeder verstärkt also in Terminals, Hinterlandverkehr und EDV-Systeme investieren, wo auch zweidrittel des Umsatzes entstehen, werden Containerschiffe vermehrt gechartert. Bereits 50% der Linienschiffe sind gechartert, womit kapitalintensive Aspekt und seine Gefahren minimiert werden. Letztendlich versuchen die Reedereien den gesamten Containerlauf von der Quelle zur Senke unter ihren Einfluss zu bringen. Dabei wird zwar nicht in allen Teilen die Arbeitsteilung im technischen Ablauf aufgehoben, jedoch die organisatorische Arbeitsteilung. Doch nicht nur die Reeder vollziehen diesen Wandel, sondern auch Spediteure versuchen zum Systemführer im Bereich Transportlogistik aufzusteigen. So versucht sich zum Beispiel die Deutsche Post AG zum Global Player aufzubauen durch den Zukauf von Nedlloyd und DHL (WEBER 2001, S.30 f.). Die Firma Nedlloyd ist auch ein warnendes Beispiel. Auch sie hatte versucht die ganze Transportkette unter ihre Kontrolle zu bringen durch den Zukauf von Speditionen im Europäischen Kernraum. Doch scheiterte dies letztendlich am hohen Kapitalbedarf und konnte ihren Konkurs nur durch den eigenen Verkauf verhindern (NUHN 1994, S.285). Neu ist dieses Phänomen der Ausweitung des Geschäftsbereiches jedoch nicht. 1979 begann die Firma American President Lines als eine der ersten ihren angestammten Geschäftsbereich um Inlandtransporte zu erweitern. Ein anderes Beispiel von 1987 ist der Aufkauf von Sea-Land durch die Firma CPX, einer Eisenbahngesellschaft (HAYUTH 1992, S.204 f.).

6 Der Hafen

6.1 Hafensystem in Europa

In Europa sind die Hauptumschlagsplätze die Häfen der Nordrange bzw. der Hamburg – Le Havre Range, mit den Häfen Hamburg, Bremerhaven, Rotterdam, Antwerpen, La Havre, Felixstowe sowie die kleineren Häfen Thamesport und Seebrügge (MARCADON 1999, S.15). Sie besitzen eine günstige geographische Lage, ein großes ökonomisches Hinterland, gut erschlossene Hinterlandtransportwege für den Vor- und Nachlauf bis hin zu den Osteuropäischen Quellen und Senken und damit aufgrund der offenen Grenzen innerhalb Europas in einer verstärkten Konkurrenz zueinander stehen (NUHN 1996, S.420). Das Fehlen einer Beihilfekontrolle und wettbewerbsrechtlichen Regulierung des Seehafenwettbewerbs führt zu einem hohen Ausmaß an öffentlichen Investitionen, die letztendlich zu extremen Überkapazitäten in Europa führt (DEECKE 2001, S.58).

Des Weiteren wird der komplette Skandinavien Containerverkehr über diese Häfen, bevorzugt Hamburg, im Feederverkehr oder mit Binnentransportmitteln abgewickelt. Auch aufgrund der sehr guten Verkehrsanbindungen in Rotterdam mit der Bahn, der Straße und vor allem dem Binnenschiff, ist dieser Hafen der größte in Europa und auch im weltweiten Maßstab einer der größten. Die einzelnen Häfen der Nordrange haben sich auf unterschiedliche Kontakträume spezialisiert, so besitzt Hamburg besonders nach Ost-/Südostasien Beziehungen, Bremerhaven aufgrund der Nutzung durch die amerikanische Armee nach Nordamerika und Amsterdam nach Afrika, bzw. besitzen sehr spezifische Vorteile, wie Rotterdam den kostengünstigen Weitertransport durch Binnenschiffe (EXLER 1996, S.219 ff.).

Im Mittelmeer wird manchmal von einer Southrange gesprochen, doch scheint dieser Begriff stark übertrieben. Obwohl geographisch an der Ost-West Hauptroute gelegen, können die Häfen des Mittelmeeres nicht mit denen aus der Nordrange konkurrieren. Die durch den Suezkanal kommenden Liniendienste haben meist nur einen Zwischenstop im Mittelmeer. Dies mag zum einen an der Entfernung zu den europäischen Kernräumen liegen und den damit hohen Kosten für den Hinterlandtransport sowie der qualitativ und quantitativ fehlenden Hinterlandverbindungen (NUHN 1994, S.288). So wird zum Beispiel Mailand teilweise mit Blockzügen von Hamburg mit Container bedient. Ebenso liegen Länder wie Österreich im Hinterlandseinzugsbereich der Nordrange. So kommt es im Mittelmeer verstärkt zum Einsatz von Feederverkehr und von reinen transshipment Häfen (siehe Abbildung 10). Beispiel hierfür sind Algeciras, das aber auch für die Westafrikanische Küste Funktion hat, und auf Malta Marsaxlokk. Von hier aus werden die Häfen des Mittelmeers mit Feederschiffen bedient (EXLER 1996, S.224 ff.). Mit Gioia Tauro wurde sogar ein komplett neuer Hafen im Süden Italiens durch geschickte Akquirierung von EU-Fördergeldern und dem Einsatz der Reederei Contship errichtet. Derzeit geht seine Funktion noch nicht sehr über die eines transshipmentcenters hinaus, doch theoretisch wird so bereits die Möglichkeit gegeben, die Fahrtzeit für Container nach Kerneuropa um eine Woche zu verkürzen (RIDOLFI 1999, S.32 f.; WEBER 2001, S.33).

Abbildung 14:Funktionale Einordnung der Häfen im Mittelmeer

Quelle: EXLER 1996, S.227

Bei Betrachtung aller Häfen in Deutschland, ergeben sich nur zwei Häfen die für den Containerumschlag ausgerüstet sind, Hamburg und Bremerhaven/Bremen, also die zwei Universalhäfen. Alle anderen Häfen haben sich mehr oder weniger spezialisiert oder bedienen nur örtliche Besonderheiten. Zwar kann auch jeder Hafen mit einem normalen Hebegeschirr auch einen Container umschlagen, doch wird dies aus Kostengründen nur nicht geschehen. Wilhelmshaven ist derzeit noch auf Massengüter wie Kohle und Öl, das per Pipeline ins Ruhrgebiet befördert wird, spezialisiert. Dies kommt aufgrund seiner natürlichen Wassertiefe und damit das Anlegen von Massengutfrachter großer Dimension erlaubt. Aus diesem Grund wird aktuell auch der Jade-Weserport in Wilhelmshaven gebaut, ein zusätzlicher Containerhafen, der auch die größten Containerschiffe der anstehenden 8.000 TEU bis 10.000 Klasse aufnehmen kann.

Die sonstigen Häfen in Norddeutschland besitzen nur sehr geringe lokale Bedeutung. Emden als Autoverlader aufgrund von VW, Brake als Futter- und Getreidehafen sowie für Stahlprodukte, Nordenham für Öl, Eisen und Kohle, Brunsbüttel für Öl und die Ostseehäfen hauptsächlich als Fährhafen und vereinzelt für klassisches Stückgut (DEECKE, LÄPPLE 1996). Die Funktion als Fährhafen sollte jedoch nicht vernachlässigt werden. Der short-sea Verkehr der Ro-Ro Fährlinien hat für die Hauptknoten, insbesondere Hamburg, ein großes Gewicht als Zubringer der Container von Skandinavien (NUHN 1994, S.288).

6.2   Zum und im Hafen

Die Häfen sind der Punkt an dem sich verschiedene Kanten treffen und es zu Umladevorgänge beim Wechsel der Transportmittel kommt. Da jeder Knoten eine Unterbrechung des Objektflusses bedeutet und damit Zeit und Geld kostet, ist eine Minimierung der Systemschnittstellen und effizienter Umschlag von Nöten (EXLER 1996, S.215 f.). Da jedoch eine Minimierung der Knoten auch eine Erhöhung des Umschlagvolumens bedeutet, wird die Optimierung des Umschlags schwierig. Die großen Schiffe rechnen sich jedoch erst, wenn ihre Umschlagszeit nicht höher ist als die von kleineren Schiffen (WEBER 2001, S.30).

Die gesamter Containerverkehr, und insbesondere an den Schnittstellen des Umschlages, ist heute mit Datennetzen untereinander verbunden. So weiß der Hafen bereits 2 Monate bevor ein Schiff eintrifft, welche Ladung in welchen Container ist, wohin er weiter geliefert werden soll bzw. er abgestellt wird. Inzwischen funktioniert der Abladevorgang vollmechanisch und benötigt nur noch ein Minimum an Arbeitskräften. Im neu gebauten Containerterminal Altenwerder in Hamburg, bringen vollautomatisierte „automated guide vehicles“ die Container auf ihren Warteplatz am Terminal. Diese computergesteuerten Fahrzeuge besitzen eine bordeigene Navigation und können die Container Zentimeter genau positionieren. (EXLER 1996, S.203) Die Automatisierung hat jedoch gravierende Auswirkungen auf die Anzahl der Arbeitsplätze. Stellte schon der Wandel vom Stückgut zur halb-mechanischen Containerverladung eine immense Reduzierung von Arbeitskräften dar, so wiederholt sich dies mit der Vollautomatisierung. Die dreißigfache Ladungsmenge pro Zeiteinheit bewältigt ein Hafenarbeiter gegenüber der halb-mechanischen Entladungsmethode. Damit sinkt die Wertschöpfung der Häfen immer weiter (WEBER 2001, S.31), während ganze Berufsgruppen verschwinden, wie z.B. die Stauer. In England verringerte sich die Anzahl der Dockarbeiter von 60.000 im Jahr 1967 auf 10.000 im Jahr 1989 und wird auch weiterhin sinken (VIGARIE 1999, S.6; BROEZE 2002, S.238 ff.).

Mit dem Größen Wachstum der Schiffe entstehen jedoch immer neue logistische Probleme für die Häfen. Mit dem nicht weiteren Wachstum in Länge und damit verbunden der Tiefe, werden immer breitere Schiffe in Dienst gestellt. Hierfür sind jedoch Containerbrücken mit einer entsprechenden Tiefe von derzeit maximal 22 Containerreihen bzw. 56 Meter nötig. Auch die schiere Anzahl von Containern, bis zu 8000 TEU maximal, erfordern neue Konzepte. Es muss entsprechende Stellfläche für Container bereitstehen, des Weiteren muss die Verkehrsinfrastruktur für den anschließenden Verkehr eine solche Menge an Transporten verarbeiten können, ohne dass es zu Engpässen kommt (LEMPER 2001, S.20). Sollte ein weiteres Wachstum der Schiffe auf bis zu 15.000 TEU erfolgen, müssten komplett neue Umschlagsysteme und Kaianlagen konstruiert werden, z.B. damit das Schiff von beiden Seiten entladen werden kann (DEECKE 2001, S.46), wie in der letzten Erweiterung des Hafens von Amsterdam. Dadurch konnte die Produktivität des Terminals um über 100% gesteigert werden, so dass jetzt durchschnittlich 300 Containermoves (Verladung von Containern vom oder aufs Schiff) pro Stunde erreicht werden (HAUTAU 2002, S.70 f.).

Für die immer größer werdenden Schiffe stellen auch die Wasserwege an sich bereits ein Problem dar. Der Panamakanal ist bereits seit längeren nicht mehr für die größten Containerschiffe passierbar, wobei dieser Verlust noch durch die Eisenbahn substituiert werden kann. Anders ist es mit dem Suezkanal, der maximal für Schiffe mit einer Größe von 12.000 TEU befahrbar ist. Eine Substituierung durch die Eisenbahn ist nicht effektiv. Zwar wurden aufgrund des befürchteten Krieges am Arabischen Golf, vermehrt Güter über die Transibirische Eisenbahn befördert, doch letztendlich wäre der Seeweg schneller und billiger (BÖHME 2003, S.27). Eine Umfahrung Afrikas würde ebenfalls ökonomisch keinen Sinn machen. Die Erreichbarkeits- und Durchfahrtsbeschränkungen bestimmen damit nicht mehr nur in der Massengutschifffahrt die Schiffsgrößen, sondern auch immer mehr in der interkontinentalen Containerschifffahrt (DEECKE 2001, S.44).

Dieselben Probleme zeigen sich in den Einfahrten zu den Häfen. Nur wenige Häfen in Europa können noch ohne Eingriffe genügend Wassertiefe vorweisen, damit große Containerschiffe einlaufen können. In Hamburg können manche Schiffe nur mit der Tidewelle ein- bzw. ausfahren und sind entsprechend in ein kleines Zeitfenster gezwungen oder müssen den Hafen nur unter Teillast anfahren (PAWLIK 1999, S.36). Im Hafen besteht zusätzlich noch das Problem, dass die Schiffe wieder in Fahrtrichtung gedreht werden müssen, also es muss entsprechend breite Hafenbecken geben (WEBER 2001, S.34).

BROEZE (2002, S. 20) fasst die notwendigen Eigenschaften eines modernen Containerhafens wie folgt zusammen „… deepwater access and a long stretch of deep-water quayage; a large area of wellfounded flat open space; specialised container cranes to lift boxes on and off ships and other equipment to move containers on the terminal; and good access to inland transportation networks."

7 Leercontainerproblematik

Die bereits erwähnte Problematik des Rücktransports der Leercontainer, hat sich zwar durch das Ausgleichen der Handelsströme mit Ost-/Südostasien verbessert, dennoch bleibt es ein Grundproblem der Reeder, da der Transport eines Leercontainer annähernd gleiche Kosten verursacht, wie ein gefüllter. Insbesondere Relationen mit wenig eigenem Frachtaufkommen wie Afrika, gestalten sich entsprechend problematisch, was sich in wenig Linienverkehr und höheren Preisen ausdrückt. So liegt der Anteil von Leercontainertransporten zeitweise über 20% am gesamten Containertransportvolumen (EXLER 1996, S.234).

Die Reedereien haben verschiedene Strategien entwickelt um die Anzahl der Leercontainerbewegungen zu minimieren, wobei das Verbinden verschiedener Regionen mit einer Linie bereits eine Möglichkeit darstellt (PAWLIK 1999, S.138). Eine Lenkung über den Preis findet vor allem bei Spezialcontainer statt, deren eigentliche Bestimmung nur in eine Fahrtrichtung genutzt wird. So werden Rabatte gewährt, wenn z.B. ein Kühlcontainer genutzt wird, damit dieser wieder zurück zu Knoten geführt wird, wo er gebraucht wird. Es werden auch Kompensationsfrachten aufgenommen, die dann ein geringeren Preis kosten und normalerweise aus ökonomischen Gründen nicht mit dem Container transportiert werden würden. So wird innerhalb Europas z.B. Altpapier durch die Gegend geschifft und im Pazifik sogar Heu.

Teilweise wird versucht, das Angebot an Spezialcontainer zu beschränken oder weiter zu verteuern, und somit die Verlader dazu zu bringen, Standardcontainer gerecht zu produzieren. Am effektivsten wäre jedoch ein Containerpooling zwischen den Reedern. Das heißt, es käme eine neutrale „Grey Box" zum Einsatz, die bei nicht Gebrauch in ein entsprechendes Sammellager geführt wird, aus dem sich alle Reeder bedienen können. Derzeit widersprechen dem die unterschiedlichen Reparaturstandards der einzelnen Firmen, sowie der Verlust von werbewirksamer Fläche für die Reeder (PAWLIK 1999, S.120 ff.).

Das es in manchen Fahrtgebieten einfach ein Ungleichgewicht zu allen Relationen gibt, werden diese Maßnahmen jedoch auch nicht entgegen wirken. So kommt es derzeit vor allem in der V.R. China zu Containerüberschuss und nach Australien müssen immer wieder Leercontainer zugeführt werden (BÖHME 2003, S.22).

8 Jade – Weser Port

Mit dem Wachsen des Containerverkehrs steigt auch der Flächenverbrauch der Häfen um die Menge an Container um zu schlagen. Aus diesem Grund kommt es zu einer bandartigen Hafenerweiterung Richtung Küste oder noch weiter, wie man z.B. in der Schelde im Hafen Rotterdam oder auch am Hafen bei Bremerhaven erkennen kann. Neben dem Flächenbedarf steigt auch aufgrund des wachsenden Tiefgangs der Containerschiffe, die Notwendigkeit zur Vertiefung der Zufahrtswege. Da beides in Deutschland nur noch begrenzt möglich ist, kam schon früh die Idee eines neuen Tiefwasserhafens auf. In den 60er Jahren wurde bereits ein Vorhafenprojekt Neuwerk/Scharhörn in der Außenelbe diskutiert (NUHN 1996, S.424).

Einigung über einen neuen Tiefwasserhafens für Containerschiffe wurde 2001 errungen, nachdem Hamburg von seiner Standortvorstellung Cuxhaven abgerückt ist und ebenfalls Wilhelmshaven unterstützte. Es trieb die Angst um, immer mehr Ladungsanteile an den Tiefwasserhafen Rotterdam zu verlieren. Wilhelmshaven bietet beste Vorraussetzungen, da er nur eine kurze Revierfahrt benötigt, eine Tideunabhängige Erreichbarkeit besitzt mit einer Wassertiefe von 18,5 Meter, ein weitläufiges Manövrieren vor den Kaianlagen erlaubt, viele Erweiterungsmöglichkeiten besitzt und keinerlei Einschränkungen durch Lärmemissionen befolgen muss (REINHOLD 2001, S. 93 f). Derzeit wird eine Fertigstellung im Jahre 2009 anvisiert. Bis dahin müssen jedoch auch erheblicher Ausbau der Verkehrsinfrastruktur im Binnenland geleistet werden.

9 Fazit

Die Komplexität des Themas macht es schwierig, einzelne Entwicklungen in der Seeschifffahrt getrennt in ihren Auswirkungen zu erklären, da sich viele unterschiedliche Faktoren immer wieder überschneiden.

Ursache für die meisten Veränderungen im Containerseeschiffverkehr liegen im Schiffsgrößenwachstum; die Veränderung von Hafen zu Hafen Linien, hin zu Linien, die mehrere Fahrgebiete miteinander verbinden; die Entwicklung des Hub und Spoke – System mit seinem Feedersystem, das erst die Auslastung der großen Schiffe ermöglicht, und die damit verbundene Minimierung der direkten Anlaufpunkte. Hier stellt sich für die Zukunft die Frage, welche Konsequenzen ein weiteres Wachstum der Schiffsgrößen für die Linien und die Häfen haben würde, soweit es überhaupt noch zu nennenswerten Wachstum kommt, denn hier ist die Meinung der Experten sehr unterschiedlich. Die einen sehen mit 9.000 TEU schon die Wirtschaftlichkeit erreicht, andere sehen erst mit der SuezMAX-Klasse von 12.000 TEU oder gar bei 18.000 TEU, der MallakaMAX – Klasse die Grenze. Der anvisierte Ausbau des Panamakanals bzw. dessen Schleusen bis zum Jahr 2010 könnte wiederum neue Streckenführungen ermöglichen.

Für die Häfen innerhalb der EU, hat sich das Wachstum der Containerschifffahrt bisher nicht als positiv erwiesen. Gelder wurden verschleudert um dem Konkurrenzdruck zwischen den Häfen stand zu halten, ohne dass Wertschöpfung in den Häfen gehalten werden konnte. Es wurden immense Überkapazitäten aufgebaut und auch weiterhin gebaut, die die Häfen zum Spielball der Reeder machen. So sind in zwischen 2001 und 2006 Hafenerweiterungen mit fast 22 Millionen TEU Umschlagkapazität pro Jahr fertig gestellt worden oder stehen kurz davor (DOMBOIS, HESELER 2002, S.122). Ein gesamteuropäisches Konzept wäre hier wünschenswert!

Der zweite aufgezeigte Trend, ist der des reinen Reeders hin zum Systemanbieter. Dies hängt zwar auch mit dem Größenwachstum der Schiffe zusammen, da die Reeder ihre Schiffe unbedingt auslasten wollen, hat jedoch weitere weitreichende Folgen für die Organisation der Reedereien. Vor allem fördert es den Konzentrationsprozess auf wenige Globale Player im internationalen Containerverkehr, da diese Umwandlung einen hohen Kapitalbedarf erfordern und sich häufig erst durch entsprechenden Skalenerträgen amortisieren und damit der verstärkten Zusammenarbeit bzw. vermehrten Fusionierung antrieb geben. Der Containermarkt wird zum Oligopol.

10 Literaturliste

BÖHME, H. (2003): Weltseeverkehr – Ein neuer Boom kam aus dem Fernen Osten. Kiel.

BROEZE, F. (2002): The globalization of the oceans: containerisation from the 1950s to the present. St. John's.

DEECKE, H.; LÄPPLE, D. (1996): German Seaports in a period of reconstruction. In: Tijdschrift voor Economische en Sociale Geografie, Vol. 87, S. 332 – 341.

DEECKE, H. (2001): Globalisierung, Container und Seehafen. In: Schubert, D. (Hrsg.): Hafen- und Uferzonen im Wandel, S. 37 – 62.

DICKEN, P. (2003): Global Shift – reshaping the global economic map in the 21st century. London.

DOMBOIS, R., HESELER, R. (2002): Globalisierung, Privatisierung und Arbeitsbeziehung in Seehäfen. In: Gerstenberger/ Welke (Hrsg.): Seefahrt im Zeichen der Globalisierung. Münster, S. 116 – 135.

ECKELMANN, T. (2001): Die Globalisierung bringt den Container-Terminals neue Dimensionen des Wettbewerbs. In: Schiff & Hafen, 12/01.

EXLER, M. (1996): Containerverkehr: Reichweite und Systemgrenzen in der Weltwirtschaft. In: Nürnberger wirtschafts- und sozialgeographische Arbeiten, 50.

HAUTAU, U. (2002): Seeverkehrsmärkte im wettbewerbspolitischen Wandel. Frankfurt am Main.

HAYUTH, Y. (1992): Multimodul Freight Transport. In: Hoyle/Knowles (Hrsg.): Modern Transport Geography. London, S.199 - 214.

ISL (Institut für Seeschifffahrt und Logistik) (2000): Entwicklungstendenzen der deutschen Nordseehäfen bis zum Jahr 2015. Bremen.

ITZ (Internationale Transport Zeitschrift) (1998): Tendenzen in der Linienschifffahrt. In: Internationale Transport Zeitschrift, 7/98, S. 15 – 16.

ITEN, J. (1998): Die Zukunft der Linienschifffahrt. In: Internationale Transport Zeitschrift, 12/98, S. 4 – 5.

KRÜGER, R. (2000): Trendwende im Weltseeverkehr. In: Praxis Geographie, 12/2000, S. 20 – 24.

LEMPER, B. (2001): Perspektiven und Grenzen der Größenentwicklung in der Containerschifffahrt. In: Schiff & Hafen, 11/2001, S. 12 - 20.

LEMPER, B. (2003): Containerschifffahrt und Welthandel- eine Symbiose. Bremerhaven.

MARCADON, J. (1999): Containerisation in the ports of Northern and Western Europe. In: GeoJournal, 48, S. 15 – 20.

NUHN, H. (1994): Strukturwandel im Seeverkehr und ihre Auswirkungen auf die europäischen Häfen. In: Geographische Rundschau, 46, H.5, S.282 – 289.

NUHN, H. (1996): Die Häfen zwischen Hamburg und Le Havre. In: Geographische Rundschau, 48, H. 7-8, S. 420 – 428.

PAWLIK, T. (1999): Seeverkehrwirtschaft: internationale Containerschifffahrt - eine betriebswirtschaftliche Einführung. Wiesbaden.

REINHOLD, M. (2001): Seehafenwirtschaft in einer globalisierten Welt. In: Perspektiven und Probleme des Weltseeverkehrs im neuen Jahrhundert, 8. Kieler Seminar zu aktuellen Problemen der See- und Küstenschifffahrt, Schriftreihe der Deutschen Verkehrswissenschaftlichen Gesellschaft e.V., Bergisch-Gladbach, S. 74 – 100.

RIDOLFI, G. (1999): Containerisation in the Mediterranean: between global ocean routeways and feeder services. In: GeoJournal, 48, S. 29 – 34.

SCHULZ, T. (2004): Die Kulis der Globalisierung. In: Der Spiegel, Nr.24, S. 86 – 92.

SLACK, B. (1999): Accross the pond: container shipping on the North Atlantic in the era of globalisation. In: GeoJournal, 48, S. 9 – 14.

SLACK, B.; COMTOIS, C.; MACCALLA, R. (2002): Strategic alliances in the container shipping industry: a global perpective. In: Maritime policy and managment, 29/2002, S.65 – 76.

TOZER, D.; PENFOLD, A. (2002): Ultra-Large Container Ships (ULCS) designed to the limit of current and projected terminal infrastructure capabilities. London.

VIGARIE, A. (1999): From break-bulk to containers: the transformation of general cargo handling and trade. In: GeoJournal, 48, S. 3 – 7.

VOLK, B. (2001): Langfristige Angebotsgestaltung im Linienverkehr. In: Perspektiven und Probleme des Weltseeverkehrs im neuen Jahrhundert, 8. Kieler Seminar zu aktuellen Problemen der See- und Küstenschifffahrt, Schriftreihe der Deutschen Verkehrswissenschaftlichen Gesellschaft e.V., Bergisch-Gladbach, S. 60 – 73.

VOLK, B. (2003): Expansive Containerschifffahrt und Schiffsgrößenentwicklung. In HANSA – Schifffahrt – Schiffbau – Hafen, 10/2003, S.23 – 30.

WEBER, J. (2001): Trends im Seegüterverkehr und ihre Auswirkungen auf die europäischen Hafen-Hinterland-Relationen. In: STANDORT – Zeitschrift für Angewandte Geographie, 1/2001, S. 29 – 34.

WOITSCHÜTZKE, C.P. (2002): Verkehrsgeographie. Troisdorf.

ZACHCIAL, M. (2002): Neuere Entwicklungen in der Seeverkehrswirtschaft. In: Gerstenberger/ Welke (Hrsg.): Seefahrt im Zeichen der Globalisierung. Münster, S. 43 – 54.